無印良品[ⓒ]的 简 单 微 波 炉 料 理

[日]小川 圣子 – 著

曹逸冰 – 译   [日]吉井 忍 – 审校

MUJI Recipe Book

中信出版集团·CHINACITICPRESS·北京

contents 目录

chapter

1

普通蔬菜

chapter

2

普通肉类与鱼类

chapter

3

米饭与面条

chapter

4

简单甜点

序言

现代人的生活节奏越来越快，可耗费在家务活上的时间并不会因此缩短。我们能在早起后打开手机，迅速搜罗各类信息与新闻。但做一顿早饭需要的时间，还是那么长。

而微波炉正是一款能帮我们缩短做菜时间的机器。然而，在大多数人心目中，微波炉只能"热菜"，不能"做菜"。有了MUJI开发的这款烹饪盒，微波炉的"加热"功能便能摇身一变，升华为"烹饪"功能。

只要将食材装进烹饪盒，放进微波炉里转一转，美味佳肴就能上桌了。蒸、烤、煮等复杂的烹饪步骤可以全部省略。即便您厨艺不精，亦可大胆尝试。无论是简单的点心，还是正统的菜肴，都能用这款烹饪盒迅速完成。也许，它还能拉近您与"烹饪"二字的距离……

这本菜谱收录的菜品完全不需要使用明火加热，安全系数较高，因此小朋友也可以和爸爸妈妈一起进厨房做饭，尽情体验烹饪的乐趣。

希望这款硅胶烹饪盒能让更多的人对烹饪产生兴趣，能为小朋友们提供亲近烹饪的机会，为所有人提供享受烹饪、享受美食的平台。

享受烹饪，享受美味

小川 圣子

　　人是铁，饭是钢，一日不吃饿得慌。众所周知，一日三餐的饭菜质量对我们的健康有着举足轻重的影响，但还是有很多人选择下馆子或买现成的熟食。为什么呢？因为他们没有时间，或是没有亲自下厨的耐心。当然，这种现象非常普遍，也无可厚非。

　　问题是，要保证均衡的营养，要吃到新鲜出炉的美味，最好的方法莫过于"自己动手"。本书收录的菜谱都是我们的心血结晶。只要照着菜谱，循序渐进，即便您刀工不好、厨艺不精，做出来的菜品也绝不会难以下咽。

　　我们的菜谱使用了大量蔬菜，因为现代人的蔬菜摄入量普遍不足。菜式的风格涵盖了日、中、西三种风格，种类丰富。油的用量较少，保证清爽健康。本书的菜式皆用微波炉加热制作，只要您遵照菜谱的加热时间，即便是肉菜，也不必担心会烤焦。而且我们使用的这款烹饪盒非常好洗，收拾起来也毫不费力。

　　熟练掌握本书的技巧后，您定能体会到烹饪的无穷乐趣。本书也能帮助您加深对食材的了解。若您能随手做出一道下酒菜或是小点心，也许还会迫不及待地邀请亲朋好友来炫耀一番呢。调料的用量也可以根据您的口味自行调节哦！

硅胶烹饪盒的特征

只要将您喜欢的食材与调味料倒进这款硅胶烹饪盒，放进微波炉加热，健康美味的清蒸菜肴就大功告成了。

牢牢锁住食材精华

这款烹饪盒的盒盖完美贴合盒体内侧，所以内部的液体不容易在加热时溢出。富含食材精华的蒸汽也不会外泄。加热后的余温能让食材的精华进一步浓缩。盒盖内侧的圆形小凸起能让蒸汽在盒内循环流动，均匀分布。

去除多余的脂肪与水分

只要在盒子里加一层"蒸盘"，就能去除红肉与鱼肉中的多余脂肪与蔬菜的多余水分了。流到下层的肉汁鲜美可口，可以倒出来存着，在做其他菜的时候当调料使用。

基本用法

◎ 使用前，用海绵蘸一点餐具洗涤剂，将烹饪盒清洗干净。

◎ 汤水（液体）倒到7~8分满即可。如果要同时烹饪多种食材，请把比较硬的食材放在下面。

◎ 请不要用微波炉加热蛋黄和完整的鸡蛋，以防食材爆炸。如要加热鸡蛋，请一定要先将鸡蛋打成蛋液。

◎ 加热后请不要立刻揭开盒盖，可以利用余温进一步加热食材，让食材更酥软可口。

◎ 从微波炉里取出烹饪盒或打开盒盖时，请使用隔热手套保护好您的双手。硅胶烹饪盒本身并不会烫手，但滚烫的蒸汽可能会从盒盖的缝隙喷出，汤水也有可能在盒盖打开时溢出，所以戴上手套能有效防止烫伤。

◎ 取出烹饪盒中的食材时，请使用不会划伤烹饪盒的餐具，比如木制餐具、塑料餐具或硅胶餐具。请不要让金属刀具等尖锐的工具接触到烹饪盒。

使用微波炉的注意事项

◎ 不同微波炉的导热性与加热时间各有不同。使用烹饪盒前,请务必确认微波炉的种类及功率。

◎ 平板式微波炉的导热性较好,转盘式微波炉加热更均匀。

◎ 如果您使用的是转盘式微波炉,请务必保证烹饪盒与转盘一同转动。如果因为尺寸不合,导致烹饪盒卡住无法转动,可能会产生加热不均、微波炉故障等问题。

◎ 菜谱中的"加热时间"以"600w"为准。如果您使用的微波炉的功率为700w以上,请按照下表调整加热时间。功率越大,加热速度就越快,也更容易导致加热不均。

◎ 可以在烹饪过程中暂停加热,把烹饪盒拿出来,稍事搅拌食材后放回微波炉,这样能保证它们受热均匀,提高成功率。

◎ 不同尺寸的烹饪盒的加热时间一览

	小号 (约640ml)	以中号为准 (约1000ml)	大号 (约2200ml)
材料的分量	1/2 倍	1倍	2倍
加热时间	1/2 倍	1倍	2倍

◎ 不同功率的微波炉的加热时间一览

	500W	以600W 为准	700W	800W	900W
加热时间	1.2倍	1倍	0.9倍	0.8倍	0.7倍

※加热时间视微波炉的种类、食材的种类与食材切成的大小而定。

本书的使用方法

◎ 菜谱中的食材重量是去皮后的净重。由于本书中的菜肴一律使用微波炉加热,而加热时间会受到食材重量的影响,因此食材的分量越精确越好。带皮的食材的大致重量如下:

    1 个土豆(中号).........150g 左右
    1 根胡萝卜(中号)......100g 左右
    1 个洋葱(中号).........200g 左右

◎ 调味料清单中的"大"代表"大勺","小"代表"小勺"。1 大勺为15ml,1 小勺为5ml。用量勺舀调料时,不要让勺子里的调料堆成"小山"状。调料的高度与勺子的边缘持平即可。

◎ 食材清单中的"日式高汤"可使用市面上销售的浓汤宝,也可以自行熬制。每款浓汤宝的用法都不尽相同,请参考商品包装上的使用说明。

◎ 图例

:使用的硅胶烹饪盒的尺寸

:菜谱的分量(人数)

:微波炉的加热时间

普通蔬菜

本章使用的食材是一年四季都能买到的蔬菜。
菜品的制作方法也非常简单。
您可以大胆尝试,把冰箱里的蔬菜消灭干净。

奶香土豆

● size 小（不使用蒸盘）	● serve 1人份	● time	600w	4分钟~6分钟+2分钟
			500w	4分50秒~7分10秒+2分20秒

先用微波炉加热土豆,再加入牛奶与奶酪,
打造圆润香滑的口感。
撒上胡椒之后,菜品的味道会更丰富,
实属红酒的最佳拍档。

材料

土豆	250g
牛奶	100~150ml
盐	少许
黄油	小2
奶酪粉	少许
粗胡椒粉	少许

制作步骤

① 土豆去皮,切成容易入口的大小后装入烹饪盒。盖上盒盖,加热 4 ~ 6 分钟。

② 取出烹饪盒,用勺子或其他工具将土豆碾碎,再加入牛奶,搅拌均匀。

③ 在不盖盒盖的情况下,继续加热 2 分钟。

④ 加入盐与黄油,在表面撒一些奶酪粉与胡椒粉即可。

土豆煮熟后,用勺子碾碎,但不用碾得太细。

加入牛奶后继续加热。无须盖上盒盖。

制作要点

✿ 土豆变软所需的加热时间因品种而异。您可以在加热途中把烹饪盒拿出来看一看,视实际情况调整加热时间。

微辣土豆炖肉

● size	● serve	● time	
中（不使用蒸盘）	2人份	600w	12分钟＋余热5分钟
		500w	14分20秒＋余热5分钟

土豆炖肉是经典中的经典。
本书收录的这款土豆炖肉，只需加热1次
即可上桌，非常方便。
豆瓣酱的辣味也让土豆炖肉更加下饭。

材料

猪肉糜	150g
土豆	450g
A 生抽	大 2
甜料酒（味醂）	大 2
日式高汤	50ml
豆瓣酱	小 1/2 或少许
淀粉	小 1
水	大 2
小葱	3 根

制作步骤

① 将土豆切成容易入口的大小，浸在水里备用。片刻后，取出土豆，沥干水分，平铺在烹饪盒中。

② 将 A 与日式高汤倒入烹饪盒，再将肉糜塞进土豆块之间的缝隙。最好让肉浸在汤汁里。

③ 盖上盒盖，加热 12 分钟，再用余热焖 5 分钟。之后加入豆瓣酱，搅拌均匀。某些土豆的含水量较高，加热后会产生很多汤水。遇到这种情况，可以趁热加一些水淀粉勾芡，如此一来，汤水会变得更浓稠，食材也更容易入味。

④ 加入切成适当长度的小葱，搅拌均匀即可。

加热前的状态如图所示。将肉糜揉成小块，塞进土豆块之间的缝隙，并保证肉能浸在汤汁里。

加热后的状态如图所示。如果水分较多，就稍微加一些水淀粉勾芡。

黄油土豆

● size	● serve	● time		
小（使用蒸盘）	1人份		600w	5分钟~7分钟
			500w	6分钟~8分20秒

将冒着热气的土豆切开，
一股幽香扑鼻而来。
为了充分品味土豆的滋味，
这款"黄油土豆"只用盐、胡椒与黄油调味，绝对简约精致。

材料

土豆..............................250g
黄油..............................随意
盐与胡椒..........................少许

制作步骤

① 将土豆洗净。如果土豆的个头比较大，就一切为二或一切为四，装入烹饪盒，盖紧盒盖，加热 5 ~ 7 分钟。可在加热途中取出烹饪盒，给土豆翻翻身，以保证土豆受热均匀。

② 拆下蒸盘，倒掉多余的水分。将加热好的土豆掰成容易入口的大小，加入黄油，撒上盐与胡椒即可。

只要将土豆放在蒸盘上，析出的水分就会流到盒底，不会弄湿土豆，让土豆更加爽口。

简约土豆沙拉

● size　中（不使用蒸盘）　　● serve　2人份　　● time　600w　7分钟~8分钟　500w　8分20秒~9分40秒

土豆沙拉是最经典的土豆菜肴之一，
有各种各样的版本可供选择。
本书收录的菜谱只加了黄瓜和洋葱，
非常简单，屡试不爽。

材料

土豆	400g
盐与胡椒	少许
洋葱	1/2 个
黄瓜	2 根
蛋黄酱	大 6

制作步骤

① 土豆去皮，切成方便入口的大小，然后倒入烹饪盒，盖上盒盖，加热 7 ~ 8 分钟。洋葱与黄瓜切成薄片备用。

② 土豆趁热碾碎，撒上盐与胡椒，加入洋葱，搅拌均匀。

③ 冷却后，加入黄瓜与蛋黄酱，搅拌均匀即可。

先把土豆煮熟。

土豆煮熟后，加入洋葱，用木勺稍事搅拌即可。

糖渍胡萝卜

● size
 小（不使用蒸盘）

● serve
 2人份

● time
600w 4分钟+余热3分钟
500w 4分50秒+余热3分钟

糖渍菜可以点缀各种菜肴,实属百搭小配菜。
使用硅胶烹饪盒烹制,
可以在不损失营养成分的情况下完成。
盖紧盒盖,将胡萝卜的香味与甘甜一网打尽吧!

材料

胡萝卜	....	200g
A	黄油	....	小 2
	蜂蜜	....	小 2
	盐与胡椒	....	少许
清汤（颗粒）	....	1 撮
热水	....	大 1

制作步骤

① 将胡萝卜切成扇形的小块,如此一来纤维就不会过长,更容易煮软。将胡萝卜装进烹饪盒后,撒一些清汤颗粒,加入 A 与热水,盖紧盒盖,加热 4 分钟,再用余热焖 3 分钟即可。

制作要点
◎ 清汤的分量要把握好。千万别加太多。如果是固体浓汤宝,可以碾碎了再撒进去。实在没有清汤也可以不加。不过只要加一点点,就能让这道菜的味道提升一个档次。

加热前的状态如图所示。切记,盖上盒盖再加热。

韩式凉拌胡萝卜

● size	● serve	● time	
小（使用蒸盘）	☺ 1人份	600w	3分钟
		500w	3分40秒

我们可以在蔬菜的切法和加热方法上大做文章，
创造出各种不同的韩式凉拌菜。
其实这种韩式凉菜在日本的普及度也很高。
用一把小小的削皮刀就能搞定，简单易行。

材料

胡萝卜	150g
A 麻油	小 2
盐	小 1/2
糖	小 1
胡椒	少许
焙煎黑芝麻	随意

制作步骤

① 用削皮刀将胡萝卜刮成条状，浸在水里稍微洗一下，然后平铺在架了蒸盘的烹饪盒中，盖上盒盖，加热 3 分钟。

② 倒掉析出的水分，取出胡萝卜，趁热加入 A，搅拌均匀。撒一些胡椒，稍事搅拌，直接送入冰箱冷藏。上桌食用时撒一些芝麻即可。

用削皮刀削去胡萝卜外皮后，继续把入菜的胡萝卜肉刮成条状。

加热后，加入调味料稍事搅拌，然后直接冷藏。

豆芽韭菜牛肉汤

● size
中 (不使用蒸盘)

● serve
☺☺ 2人份

● time
600w 5分钟
500w 6分钟

这是一款豆芽分量十足的汤。
还加入了嚼劲十足的牛肉，
拿来下饭绝对过瘾。

材料

碎牛肉	100g
生抽	小 1
淀粉	小 1
色拉油	小 2
韭菜	1/2 束
豆芽	200g
A 鸡精	1 撮
A 料酒	大 1
热水	250ml
麻油	小 1
盐与胡椒	少许

制作步骤

① 在牛肉上加一些生抽和淀粉，搅拌均匀，最后加入色拉油继续搅拌。可以直接在烹饪盒中进行这一步，这样能节省更多时间。

② 韭菜切成长段，豆芽洗净沥水，切成长段备用。

③ 将豆芽铺在①上，加入 A 与热水。

④ 盖上盒盖，加热 5 分钟，然后再加入韭菜与麻油，最后根据您的口味加入盐与胡椒。

制作要点
◎ 在牛肉中加入生抽，并裹上淀粉，能有效防止牛肉变硬，牢牢锁住牛肉的精华。色拉油也能防止牛肉煮老。
◎ 可使用电热水壶加热过的热水。不是开水也没问题，但如果使用凉水，就需要更长的加热时间了。

把牛肉放在烹饪盒里，撒上淀粉。

将豆芽放在牛肉上面，加盖加热。

韩式凉拌豆芽

● size
　小（使用蒸盘）

● serve
　1人份

● time
600w　2分30秒
500w　3分钟

近年来,豆芽的营养价值备受学界的关注。
买回家的豆芽最好一次用光,这样才能吃到"新鲜"。

材料

豆芽	....	150g
大蒜	....	少许

	生抽	....	小2
	醋	....	小2
A	糖	....	小1
	麻油	....	小2
	盐与胡椒	....	少许
	豆瓣酱	....	小1/4 或少许

制作步骤

① 豆芽洗净后沥干水分，然后平铺在架了蒸盘的烹饪盒里,盖上盒盖,加热2分30秒。

② 倒掉析出的水分，取出蒸盘。趁热加入蒜泥与A，然后直接送入冰箱冷藏。

豆芽洗净后放在沥水盆中沥干水分。

咸味炒豆芽

● size	● serve	● time	
中（不使用蒸盘）	😊 1人份	600w	3分钟
		500w	3分40秒

豆芽最吸引人的地方莫过于那爽脆的口感。
您可以多尝试几次,摸索出最佳的加热时间,
以免把豆芽煮得太软。

材料

豆芽	200g
荷兰豆	50g
淀粉	小2
色拉油	小2
盐与胡椒	少许

制作步骤

① 荷兰豆去筋后倒进烹饪盒。将豆芽洗净后,用厨房纸或纸巾吸去多余水分,盖在荷兰豆上,然后再往烹饪盒里撒一些淀粉。

② 将色拉油均匀倒入烹饪盒,盖上盒盖,加热3分钟后取出,撒一些盐与胡椒,稍事搅拌即可。

先放荷兰豆,
再放豆芽。

撒一些淀粉在
豆芽上,稍稍
搅拌。

回锅肉式卷心菜

● size 　中 (不使用蒸盘)　　● serve 　1人份

● time
| | 600w | 4分钟~5分钟 |
| | 500w | 4分50秒~6分钟 |

这道菜说白了就是"用味噌炒卷心菜和肉"。
它是一款简单易行的中式家常菜。
按猪肉、大葱、卷心菜的顺序把食材放进烹饪盒,再加一点味噌,
放进微波炉转一转,美味佳肴就大功告成了。

材料

卷心菜	250g
大葱	1根
碎猪肉	150g
生抽	小1
淀粉	小1
色拉油	小2
味噌	大1.5
糖	大1
麻油	小2

制作步骤

① 将卷心菜切成方便入口的大小,或是直接用手撕开。大葱切成薄片备用。

② 将猪肉铺在烹饪盒的底部,淋上生抽,撒上淀粉,稍事搅拌,再加入色拉油。然后再把大葱放进去,最后盖一层卷心菜。

③ 将味噌与糖充分搅拌,揉成小团,零散地放在最上层,再浇上一圈麻油,盖上盒盖,加热4~5分钟。

④ 打开盒盖,搅拌均匀即可。

先把生抽和其他调料撒在猪肉上。

将味噌与糖的混合物零散地放在卷心菜上,如图所示。

芝麻凉拌卷心菜

● size	● serve	● time		
 小（使用蒸盘）	1人份		600w	2分30秒
			500w	3分钟

只要将卷心菜稍稍加热一下，菜叶就会变得酥软可口，更易下咽。
而这款菜肴充分利用了芝麻的香味与卷心菜的甜味，
让人吃了一口还想吃第二口。

材料

卷心菜 150g
水 .... 大 1
黑芝麻粉 .... 大 2
A 糖 .... 大 2
生抽 .... 大 1

制作步骤

① 将卷心菜切成细条，放进铺着蒸盘的烹饪盒，然后洒一些水在卷心菜上，盖上盖子，加热 2 分 30 秒。

② 取出烹饪盒后，揭下蒸盘，倒掉析出的水分，再将卷心菜倒回烹饪盒摊开，稍事冷却。

③ 加入 A 与芝麻粉，搅拌均匀。也可以用白芝麻粉代替黑芝麻粉。直接在烹饪盒中搅拌会更方便。

加热前的卷心菜的体积如图所示。

极简凉拌卷心菜丝

● size	● serve	● time	
小（使用蒸盘）	😊 1人份	600w	2分钟~2分30秒
		500w	2分20秒~3分钟

将卷心菜切成细丝，
加入沙拉酱或蛋黄酱，美味的沙拉就能上桌了。
您也可以在沙拉里加一些胡萝卜或玉米粒。
下面介绍的是只使用卷心菜的极简沙拉。

材料

卷心菜	150g
水	大 1
A 糖	小 1
醋	小 1
盐	少许
粗粒芥末酱	小 1
蛋黄酱	大 1.5

制作步骤

① 将蒸盘架在烹饪盒里，倒一些水，再将切成细丝的卷心菜铺在蒸盘上，盖上盒盖，加热 2 分钟 ~2 分 30 秒。

② 倒掉析出的水分，取出蒸盘，趁热在卷心菜中加入 A，以便让调料入味。之后将卷心菜放在一边冷却。

③ 加入芥末与蛋黄酱，搅拌均匀后即可享用。

使用蒸盘，可以像这样迅速倒出多余水分。

清蒸茄子

● size  小（使用蒸盘）

● serve 😊😊 2人份

● time
600w 3分30秒
500w 4分10秒

茄子是一种"万能"蔬菜，
无论是在日餐、西餐还是中餐里，茄子都能大放异彩。
我们从各种与茄子有关的菜肴中选取了制作方法最为简单的几种，
什么时候想吃了，就能信手拈来。

材料

茄子	250g
水	大 1
姜泥	随意
柴鱼片	随意
生抽	随意

制作步骤

① 用削皮刀将茄子的外皮削成条纹状，然后将茄子竖着一切二，再横着切成能装进烹饪盒的大小。把切好的茄子放进水里泡一下，捞起来沥干水分后备用。

② 将①平铺在装了蒸盘的烹饪盒中，洒一些水，加盖加热 3 分 30 秒。不同种类的茄子所需的加热时间有所不同，请根据实际情况进行调整。

③ 倒掉析出的水分，取出蒸盘。趁热将姜泥、柴鱼片与生抽倒在茄子上。如果您爱吃酸，也可以加一些柑橘醋。把茄子放进冰箱冰镇一会儿，也别有一番风味。

如果茄子够新鲜，可以直接用削皮刀削皮。

把茄子切成可以装进烹饪盒的大小，铺在蒸盘上。

香渍茄子

size	serve	time		
小（使用蒸盘）	2人份		600w	3分钟~3分30秒
			500w	3分40秒~4分10秒

这款香渍茄子可以保存很久,
您可以一次性多做一些,放在冰箱里冷藏。
酱汁的酸味与凉凉的口感,
会让人回味无穷。

材料

茄子	250g
洋葱	1/8 个
黑橄榄	30g
法式沙拉酱	大 4

制作步骤

① 将茄子竖着一切二,再斜着运刀,切成 1cm 厚的薄片。将切好的茄子放进水里浸一下,捞出来之后铺在装有蒸盘的烹饪盒里。如果茄子的皮比较硬,就用手全部扒掉。

② 加盖加热 3 分钟 ~3 分 30 秒。然后趁热倒掉析出的水分,取出蒸盘,再加入切成薄片的洋葱,倒入法式沙拉酱,搅拌均匀。最后加入橄榄,送入冰箱冷藏。最好使用无核的橄榄薄片。

250g 茄子放进烹饪盒后的体积如图所示。

趁热拌入调味料即可。可以在这种状态下直接送入冰箱冷藏。

制作要点

◇冰一冰更美味。趁热调味是关键。也可以根据您的口味搭配不同的沙拉酱,或是加入柑橘醋和麻油。

金枪鱼蛋黄酱拌南瓜

● size	● serve	● time	
小（不使用蒸盘）	☺ 1人份	600w	3分30秒
		500w	4分10秒

南瓜是一种非常方便的蔬菜，可以做成天妇罗，可以放进锅里炖，
可以做成沙拉，也可以做成甜点。
而这款沙拉充分利用了南瓜特有的鲜艳色泽，
以及那温润的甘甜口感。

材料

日式南瓜 150g

金枪鱼（罐头）.............................. 50g

蛋黄酱 .... 大 3

制作步骤

① 南瓜去籽后切成 1cm 厚的薄片，平铺在烹饪盒中，加盖后加热 3 分 30 秒。不同品种的南瓜所需的加热时间各不相同，可以在加热途中把烹饪盒拿出来，用圆头筷子戳一戳南瓜片，确认南瓜是否变软。

② 趁热将南瓜碾碎，加入金枪鱼（事先沥去多余的水分）与蛋黄酱，搅拌均匀。金枪鱼与蛋黄酱也可以在南瓜冷却后加入。

加热前的状态
如图所示。尽
量把南瓜放平，
保证受热均匀。

趁热用木勺将
南瓜碾碎。

制作要点

◎某些季节的南瓜含水量特别高，没有熟透。如果实在买不到合适的南瓜，也可以用冷冻南瓜代替。只要将微波炉调至高火，直接将冷冻南瓜放进去解冻即可使用。解冻后的步骤仍同上。

奶酪烤南瓜

● size	● serve	● time	
小（不使用蒸盘）	☺ 1人份		600w 4分钟
			500w 4分50秒

奶酪的醇厚和咸味，
与甘甜的南瓜一拍即合。
如果买不到应季的好南瓜，不妨使用品质比较稳定、
操作起来也比较方便的冷冻南瓜。

材料

日式南瓜 150g
盐与胡椒 .... 少许
小番茄（圣女果）............................. 50g
比萨专用奶酪 50g

制作步骤

① 将南瓜切成 6~7mm 厚的薄片，铺在烹饪
盒中，撒上盐与胡椒。摘去小番茄的蒂，
将番茄一切四，摆放在烹饪盒的边缘。

② 撒上奶酪，盖上盒盖，加热 4 分钟。取出
烹饪盒后，趁热打开盒盖，稍事搅拌即可。

加热前的状态如图所示。在这个状态下盖上盒盖，
送入微波炉加热即可。

chapter

2

普通肉类与鱼类

本章将介绍一些能在餐桌上唱主角的菜肴。
所需的食材都能在普通的商店买到。
还有几道可以用作"储备粮"的好菜,可以一次性多做一些备着,
敬请尝试!

清蒸白菜猪肉

● size	● serve	● time	
中(不使用蒸盘)	2人份		600w　8分钟+余热5分 500w　9分40秒+余热5分钟

烹饪盒比普通蒸锅更省时间,做出来的菜也十分可口。
这道清蒸白菜猪肉,简直是为硅胶烹饪盒量身定做的。
您可以一次性多做一些,吃不完的放进冰箱,
第二天重新加热一下,还能跟刚出炉的媲美!

材料

白菜	400g
五花肉薄片	200g
鸡精	小1
盐	少许
料酒	大2
日式黄芥末	随意
生抽	随意

制作步骤

① 将白菜一切为六。保留菜心,不要把叶子掰下来。
② 将猪肉夹在菜叶之间。
③ 切下②的菜心,再把白菜切成能装进烹饪盒的尺寸,把烹饪盒塞满。
④ 撒上鸡精,加入盐和料酒,加盖加热8分钟,再用余热焖5分钟。
⑤ 将白菜切成适当的大小,装盘。食用时可以加一些芥末或生抽。如果您爱吃酸,也可以蘸着柑橘醋吃。

夹肉之前最好不要把叶子掰下来,这样会更好操作。

加热前的状态如图所示。装满了也不碍事。

肉馅糕

● size	● serve	● time		
 中（使用蒸盘）	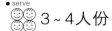 3～4人份		600w	15分钟＋余热5分钟
			500w	18分钟＋余热5分钟

想要大饱口福，
或是想与亲朋好友分享美味佳肴，这道菜就是餐桌的主角。
使用蒸盘能有效去除肉中的多余油脂，
让菜肴的味道更清爽。

材料

混合肉糜（猪肉、牛肉）.................350g	
生抽... 大 1	
胡椒... 少许	
洋葱... 1个	
鸡蛋... 1个	
面包粉... 3/4 杯	
培根... 150g	
粗粒芥末酱................................. 随意	

制作步骤

① 将生抽与胡椒加入肉糜，用手充分搅拌。

② 将洋葱磨成泥，倒入①，再加入鸡蛋，继续搅拌。最后加入面包粉，稍事搅拌后备用。

③ 将蒸盘铺在烹饪盒里，在蒸盘边缘铺一层培根（如图所示），然后再将揉成一大块的②摆在培根上。

④ 让培根包裹肉块，再稍稍调整一下肉块的形状。用手按一下肉块中心，使它凹下去。

⑤ 加盖加热 15 分钟左右。加热时间视微波炉的功率而定，您可以一边加热一边观察肉的变化。加热完成后，焖 5 分钟以上。

⑥ 冷却后，再将肉切成小块。享用时可以蘸一些芥末酱。

将培根搭在肉的侧面。

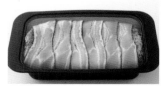

加热前的状态如图所示。只要铺成这样就行了。

加热后的状态如图所示。肉会收缩。

肉酱

● size	● serve	● time		
中（不使用蒸盘）	4人份		600w	8分钟
			500w	9分40秒

肉酱保存方便，加热一下就能吃。
可以用切成段的蔬菜蘸着吃，
也可以用来拌饭。
您可以一次性多做一些，放进冰箱备用。

材料

猪肉糜	300g
大葱	1大根
生姜	1瓣
A 味噌	大6
糖	大4~5
料酒	大2
米饭	随意
生菜	随意

制作步骤

① 洋葱切成小丁，生姜磨成泥，与肉糜和 A
一起倒入烹饪盒，充分搅拌。

② 加盖加热 8 分钟。加热时间满 4 分钟时，
需将烹饪盒取出，打开盖子稍稍搅拌一下。
食材全部煮熟后，即可送入冰箱冷藏。

③ 这款肉酱可以用生菜卷着吃。将一口饭、
②和味噌放在生菜上卷起来即可。也可以
将黄瓜、芹菜等蔬菜切成小段，蘸肉酱吃。
浇在豆腐上吃也不错。

制作要点
◎需要放进冰箱冷藏。分成小份，分别装好保存，
能有效延长保质期。

加热前的状态如图所示。加盖后加热 8 分钟。

加热 4 分钟后。稍事搅拌。

使用肉酱制作的

炸酱面式乌冬面

● size	● serve	● time		
中 (不使用蒸盘)	1人份	600w	1分钟 (肉酱)+ 2分钟	
		500w	1分10秒 (肉酱)+ 2分20秒	

大家耳熟能详的炸酱面，
也能用肉酱迅速搞定。
中国的炸酱面使用了豆瓣酱等辣酱，
而本书介绍的炸酱面使用的是生姜与黑芝麻。

材料

黄瓜	1/2 根
肉酱	大 3~4
煮过的乌冬面	1人份
凉水	大 2
黑芝麻粉	大 1
姜泥 (蒜泥亦可)	少许

制作步骤

① 斜着运刀，将黄瓜切成 3mm 厚的薄片，
   然后再切成细丝。

② 肉酱加热 1 分钟左右，加入芝麻粉，搅拌
   均匀后备用。

③ 在乌冬面上洒一些凉水，倒入烹饪盒，加
   盖后加热 2 分钟。

④ 将①、②倒在③上，再加入姜泥等调料，
   充分搅拌后食用。

加热前的状态如图所示。加入适量
凉水，盖上盒盖加热。

使用肉酱制作的

肉酱饭团

● size	● serve	● time			
🍲 小（不使用蒸盘）	😊 1人份	📟 西兰花	600w	1分钟	
			500w	1分10秒	
		炒鸡蛋	600w	30秒+30秒	
			500w	40秒+30秒	

这是一款以肉酱饭团为主的便当。
配菜也是用烹饪盒"转"出来的哦。

材料

肉酱	大 2
米饭	150~160g（略多于 1 碗）
青海苔	随意
西兰花	2 棵
鸡蛋	1 个
糖	小 1
盐	少许
小番茄	数个

肉酱饭团的包法。把肉馅放进去之后，
用保鲜膜裹起来，揉成圆形。

制作步骤

【肉酱饭团】

① 取出冰箱里的肉酱，让肉酱恢复室温。

② 将一张 15cm 见方的保鲜膜放在手掌上，
再把热的米饭放在保鲜膜上。在米饭中间
压出一个凹槽，放上①，再用保鲜膜把整
个饭团裹起来，揉成圆形。成型后，剥开
保鲜膜，撒上海苔即可。

【配菜】

① 西兰花放进水里浸一下，然后倒入烹饪盒，
加盖加热 1 分钟左右，取出后撒一些盐。

② 将鸡蛋打在烹饪盒里，加入糖与盐，搅拌
均匀后盖上盒盖，加热 30 秒后取出烹饪
盒，稍事搅拌，再加热 30 秒。

③ 将小番茄与①、②一起装入便当盒即可。

清蒸鸡肉

● size	● serve	● time		
中 (不使用蒸盘)	4人份	600w	5分钟 + 余热5分钟+2分钟	
		500w	6分钟 + 余热5分钟+2分20秒	

清蒸鸡肉的味道非常醇厚,可以用在各种菜肴中。
您可以一次性多做一些,分成小份,放进冰箱冻起来,要用的时候再解冻。
用余热把鸡肉焖熟,
如此一来,鸡肉就不会太"柴"了。

材料

鸡胸肉	1大块(约300g)
盐	小1
料酒	大1
大葱的绿叶	适量
姜皮	适量
卷心菜	200g
日式黄芥末	适量
生抽	适量

制作步骤

① 用厨房纸或纸巾将鸡肉的肉汁擦干,再用盐把鸡肉揉一下。然后将鸡肉放进烹饪盒,在室温环境下放15分钟以上。如果肉太冷,就不容易做熟了,所以一定要先利用室温把肉解冻后再加热。

② 将大葱的叶子与生姜皮贴在①上,再倒一些料酒,加盖加热5分钟,再用余热焖5分钟。受肉的大小与厚度的影响,加热时间可以视具体情况调节。如果来不及用室温解冻,可以适当延长加热时间。

③ 鸡肉煮熟后,可直接送入冰箱冷藏。如果是整块冷藏,保质期为2~3天。

④ 食用时,需撕下鸡皮,用手将鸡肉撕成小块,或用刀切成薄片。

⑤ 将卷心菜切成方便入口的大小,放进烹饪盒,加盖加热2分钟。与④一起装盘,可以蘸一些芥末、生抽一同食用。

加热前的状态如图所示。加盖加热5分钟。

冷冻时要用保鲜膜包好。

制作要点

☺可以先把鸡肉撕成小块或切成小片,然后再放进冰箱冷冻,如此一来,关键时刻能立刻拿出来使用,非常方便。可以用室温解冻,加入沙拉,也可以在不解冻的状态下直接拿来煮汤、炒菜或煮粥,味道都很不错。鸡胸肉比金枪鱼罐头的热量更低,价格也更实惠。

使用清蒸鸡肉制作的

清蒸鸡肉炒青菜

● size	● serve	● time	
小（不使用蒸盘）	2人份	600w	3分钟
		500w	3分40秒

鸡胸肉是一种高蛋白、低热量的好食材，
减肥时也能吃。
配上富含维生素的青菜，
就更是如虎添翼了。

材料

青菜	2棵
淀粉	小 1
清蒸鸡肉	100g
蚝油	大 1
料酒	小 2
麻油	小 2

制作步骤

① 将青菜切成容易入口的大小。拭去表面的
多余水分，撒上淀粉备用。

② 将食材按照①、清蒸鸡肉、①的顺序放入
烹饪盒。将蚝油与料酒搅拌均匀，倒在烹
饪盒里。最后洒上麻油，加盖加热 3 分钟。

③ 加热完成后，搅拌均匀即可。

加热前的状态如图所示。稍微"鼓"
一点也无妨，加热后，体积自会变小。

使用清蒸鸡肉制作的

低热量鸡肉三明治

● serve

☺ 1人份

把清蒸鸡肉夹在面包里,鸡肉三明治就大功告成了。
图中的配菜是糖渍胡萝卜(P14)与奶香土豆(P8)。

材料

切片面包(用于制作三明治)............. 4 片

黄油 .... 大 1

芥末酱 .... 少许

清蒸鸡肉 .... 60~80g

蛋黄酱 .... 大 1

生菜 .... 2 片

切片奶酪 .... 2 片

制作步骤

① 将黄油涂在面包上,再抹一点芥末。

② 将蛋黄酱加入鸡肉,稍事搅拌。

③ 将生菜撕碎,放在①上,再叠加切片奶酪
　 与②,最后再加一层面包。用手压一压,
　 防止三明治散开,再切成合适的大小即可。

油豆腐袋加关东煮风味芜菁

● size **大**（不使用蒸盘）

● serve **4 人份**

● time
600w 12分钟
500w 14分20秒

油豆腐袋与芜菁,
配以清淡的日式高汤,打造关东煮风味。
油豆腐袋里装的是蟹肉棒与山药。
这道菜很容易煮熟,色泽也非常养眼。

材料

油豆腐皮（稻荷寿司的皮）	8 张
蟹肉棒	100g
山药	300g
芜菁	4 个
日式高汤	200ml
A 甜料酒	大 3
生抽	大 2
盐	小 1/2

如图所示,用木勺将山药打碎。也可
以用擀面杖或玻璃瓶。

一张油豆腐皮里大概放这么多馅料。

把露出来的牙签剪掉,保护烹饪盒不
被损坏。

制作步骤

① 稻荷寿司的皮都是已经开了口的,可以直
接使用。如果买不到寿司皮,也可以将一
整张油豆腐皮一切二,如此一来便成了"油
豆腐袋"。将开口处往外翻一点,备用。

② 将山药装进比较厚的食品专用塑料袋,用
木勺或其他工具打碎。不必完全打烂,留
一些颗粒为佳。

③ 将蟹肉棒切成 1cm 长的小段,加入②,搅
拌均匀,用作馅料。用勺子将馅料分成 8 等
分,装入①,再将油豆腐的开口翻回去,插
一根牙签封口。牙签的尖头要用剪刀剪掉。

④ 芜菁去皮,保留一小段茎,竖着一切二,浸
在水里泡一下。待茎叶稍稍打开,再取出芜
菁,用自来水将叶片上的泥土冲洗干净。

⑤ 拭去④表面的水分,与③一起放入烹饪盒。

⑥ 将日式高汤与 A 充分搅拌,加入盐,搅拌
均匀后倒入烹饪盒。

⑦ 加盖加热 12 分钟。加热时间受芜菁大小
的影响,可视情况调节。

极简照烧鲕鱼

 中（不使用蒸盘）　 2人份

● time		
	600w	1分钟+1分钟~2分钟+30秒~1分钟
	500w	1分10秒+1分10秒~2分20秒+30秒~1分10秒

照烧鲕鱼是最简单的鱼肉菜肴之一。
如果没有烹饪盒，就需要用平底锅煎鱼，再加入酱汁调味。
但我们只要充分利用这款烹饪盒，
用微波炉加热3分钟，美味的照烧鲕鱼就能上桌了。

材料

鲕鱼	2 块
淀粉	小 2
A 甜料酒	大 2
生抽	大 1/2
料酒	大 1/2
水	大 1
嫩萝卜芽	适量

制作步骤

① 将 A 搅拌均匀，并将其中的 1/3 洒在鲕鱼上，晾 15~20 分钟。

② 将鲕鱼放入烹饪盒，用纸巾吸去表面的水分，撒上一层淀粉（不要太厚）。加盖加热 1 分钟。

③ 取出烹饪盒，把鲕鱼翻个身，加入剩下的 A，继续加热 1~2 分钟。

④ 取出鲕鱼装盘。加水稀释烹饪盒中剩下的汤汁，不加盖加热 30 秒至 1 分钟。待汤汁变得浓稠，取出倒在鱼上。用嫩萝卜芽装饰一下，即可上桌。

制作要点
◎加热时间会受到鱼肉的形状与厚度的影响，请根据实际情况调整。加热时间过长，鱼肉会变"柴"。

加热前的状态如图所示。刚撒上淀粉。

蛋黄酱烤鲑鱼

 size 中（不使用蒸盘）　　 serve ◕◕ 2人份　　 time

600w	4分钟+余热1分钟
500w	4分50秒+余热1分钟

蛋黄酱中的油脂能让鲑鱼的口感变得更轻盈，
奶酪的香气与醇厚，能为这道菜锦上添花。
您可以直接将烹饪盒摆上餐桌，
享受刚出炉的美味。

材料

生鲑鱼 .... 2 片
盐与胡椒 .... 少许
西兰花 100g
蛋黄酱 .... 大 2
比萨专用奶酪 70g
料酒 .... 小 2

制作步骤

① 将盐与胡椒撒在鲑鱼上，晾 15 分钟以上。
② 将西兰花掰开备用。
③ 将奶酪与蛋黄酱搅拌均匀备用。
④ 拭去①表面的水分，装入烹饪盒，洒一些
　 料酒，将西兰花摆放在鲑鱼周围。将③放
　 在鲑鱼上。
⑤ 加盖加热 4 分钟，再焖 1 分钟即可。

制作要点
　如果没有西兰花，也可以切一些卷心菜丝垫在鲑
鱼下面，与鱼肉相得益彰。

加热前的状态如图所示。加盖加热即可。

生番茄酸辣虾

● size	● serve	● time		
中(不使用蒸盘)	2人份		600w	3分30秒＋2分钟
			500w	4分10秒＋2分20秒

我们用最新鲜的番茄,打造出了这款生番茄酸辣虾。
番茄的酸味能充分调动人的味蕾,让人百吃不厌。
熟透了的番茄,
更能增添这道菜的美味。

材料

虾仁		300g
A	料酒	小 2
	盐与胡椒	少许
淀粉		小 2
色拉油		大 1
番茄		150g
大蒜		1 瓣
B	蚝油	大 1
	生抽	小 2
	豆瓣酱	小 1
	姜汁	小 2
	胡椒	少许
麻油		小 1
大葱		1/2 根

制作步骤

① 将大蒜与大葱切成碎末,生姜磨碎取其汁液备用。

② 用清水将虾仁洗净,拭去表面的多余水分后倒入烹饪盒。然后加入 A 与蒜末,搅拌均匀后撒入淀粉,继续搅拌。最后洒一些色拉油。

③ 番茄去皮,一切二,去籽。之所以去籽,是为了减少番茄的水分。

④ 将③铺在②上。

⑤ 将 B 搅拌均匀,洒在④上。加盖加热 3 分 30 秒后取出,稍事搅拌,将表面抹平,继续加热 2 分钟。

⑥ 如果虾仁与番茄的含水量较高,汤汁就会比较稀。这时可以趁热加一些水淀粉(淀粉 小 1+ 水 小 1.5),增加汤汁的浓稠度。最后加入麻油与葱末,稍事搅拌即可。

上图为加热前。将番茄撒在虾仁上。

加热后的状态如图所示。加入水淀粉能让汤汁更浓稠。

制作要点

◎ 最好选择中等大小的番茄,或是迷你番茄、专门用于熟食的番茄。这类番茄含水量低,味道也比较浓郁。

◎ 可以先把番茄放热水里煮一下再剥皮,也可以用叉子把番茄叉起来,放在火上稍微烤一下,这样皮会更好剥。不带皮的番茄口感较好。如果没有时间,连皮入菜也无妨。

奶香白菜嫩扇贝

● size	● serve	● time	
中 (不使用蒸盘)	2人份	600w	5分钟 + 3分钟
		500w	6分钟 + 3分40秒

香糯的白菜与奶油一拍即合。
这道菜虽然使用了鲜奶油，
但它的主角终究是蔬菜与扇贝，
所以整体口感仍然非常清爽。

材料

嫩扇贝	150g
淀粉	小 2
白菜	250g
大葱	1 根
A 鸡精	小 1
料酒	大 1
盐	小 1/2
鲜奶油	100ml
淀粉	小 1
盐与胡椒	少许

制作步骤

① 用清水将扇贝洗净后，用纸巾将多余的水分吸去。摘去扇贝肉边缘的内脏后，撒一些淀粉在扇贝表面，备用。

② 掰下白菜的菜叶，用手将嫩叶与菜梗分开，再将其切成方便入口的大小。大葱切成薄片备用。

③ 将 A 搅拌均匀，备用。

④ 将白菜的菜梗铺在烹饪盒里，然后按顺序叠加①、大葱、白菜的嫩叶，洒上③，加盖加热 5 分钟。

⑤ 将鲜奶油一点点倒入淀粉中，搅拌均匀。

⑥ 将⑤均匀倒入④，继续加热 3 分钟。搅拌均匀后，根据您的口味加入盐与胡椒即可。

第 1 次加热结束后，加入混有淀粉的鲜奶油。

麻婆豆腐

● size	● serve	● time	600w	2分30秒 + 3分钟
中（不使用蒸盘）	2人份		500w	3分钟 + 3分40秒

不用现成的麻婆豆腐调料，
也能打造出好吃到大跌眼镜的麻婆豆腐。
请大家照着菜谱，放手一试！

材料

木棉豆腐（类似北豆腐）	350g
大葱	1 根
大蒜	1 瓣
生姜	1 块
猪肉糜	150g
A 味噌	大 1
蚝油	大 1
料酒	大 1
生抽	小 2
豆瓣酱	小 1/2~2
淀粉	小 2
水	大 1
麻油	小 2

制作步骤

① 将豆腐切成 2cm 见方的小块。

② 大葱切成粗末，大蒜与生姜切成细末，备用。

③ 将 A 倒入烹饪盒，充分搅拌后加入肉糜、蒜末、姜末与大葱（只加一半），搅拌均匀后，加盖加热 2 分 30 秒。

④ 加热完成后，加入①，继续加热 3 分钟。

⑤ 趁热倒入水淀粉勾芡。最后加入麻油与剩下的一半大葱即可。

第 1 次加热（③）前的状态如图所示。豆腐需在第 2 次加热时加入。

速蒸豆腐鳕鱼

● size	● serve	● time		
小（不使用蒸盘）	☺ 1人份		600w	4分钟~5分钟
			500w	4分50秒~6分钟

将豆腐和鳕鱼装进烹饪盒，
再加一些蔬菜，放进微波炉转一转，这道菜就算是完工了，
简单到极点。
它也算是一款能独自享用的小火锅。

材料

鳕鱼（稍带咸味）.............................1 片
料酒...大 1
大葱...1/2 根
香菇...2 片
木棉豆腐...1/2 块
柑橘醋...随意

加热前的状态如图所示。加热后，连
烹饪盒一并端上餐桌即可。

制作步骤

① 将鳕鱼切成方便入口的小块，洒上料酒晾
一下。鳕鱼骨比较粗，装进烹饪盒之前要
把凸出来的骨头去掉，以免伤到烹饪盒。

② 香菇去柄备用。如果香菇比较大，就一分
为二。豆腐切成大块。

③ 斜着运刀，将大葱切成薄片。

④ 将①、②、③装入烹饪盒，加盖加热 4 ~ 5
分钟。

⑤ 加热完成后加入柑橘醋即可。亦可根据您
的口味加入七味辣椒粉（日本一种以辣椒
为主料的调味料，由七种不同颜色的调味
料配制而成。——译者注）。

微辣芝麻酱配温豆腐

● size 小（不使用蒸盘） ● serve 2人份 ● time
600w 2分钟~3分钟＋余热2分钟
500w 2分20秒~3分40秒＋余热2分钟

日本人常把豆腐做成"汤豆腐"或"凉拌豆腐"，
其实这款颇有新意的"温豆腐"也不错。
加热过的豆腐会散发出大豆的香味，口感也十分浓郁，
再加上略带辣味的芝麻酱，更让人回味无穷。

材料

绢豆腐	1 大块
小葱	2~3 根

A		
	糖	小1
	生抽	大1
	醋	小2
	芝麻粉	大2
	辣油	少许

制作步骤

① 将 A 与葱末搅拌均匀，备用。

② 将豆腐切成大块，装入烹饪盒，加盖加热
2 ～ 3 分钟，然后再焖 2 分钟。趁热加入
①即可。

加热前的状态如图所示。加盖加热
2~3 分钟。

chapter

米饭与面条

本章重点介绍主食的做法，
闲暇时，可以做上一盘当午饭。
当点心吃也不赖哦。

肉末卷心菜炒饭

 大（不使用蒸盘）　　 4人份

● time		
600w	3分钟+5分钟~6分钟+3分钟	
500w	3分40秒+6分钟~7分10秒+3分40秒	

这款炒饭不用另外加油，只需蛋黄酱中的油脂即可。
"蛋黄酱"是我们的秘密武器，
它能让米饭粒粒饱满，光泽四溢。

材料

猪肉糜	250g
生抽	大 1
胡椒	少许
蛋黄酱	大 5
鸡蛋	3 个
米饭	600g（4 碗）
生菜	150g
盐与胡椒	少许
大葱	1/2 根
麻油	小 2

制作步骤

① 将肉糜倒入烹饪盒，加入生抽与胡椒，搅拌后加盖加热 3 分钟。

② 将①稍事搅拌，加入蛋黄酱与搅拌均匀的蛋液。然后再加入热腾腾的米饭，充分搅拌后加热 5~6 分钟。

③ 加入撕碎的生菜，搅拌均匀后撒上盐与胡椒，继续加热 3 分钟。

④ 撒上切碎的大葱，淋上麻油，搅拌均匀即可。

第 1 次加热时
只加肉糜、生抽与胡椒。

鱼干大葱炒饭

● size	● serve	● time		
中 (不使用蒸盘)	2人份		600w	4分钟
			500w	4分50秒

这款鱼干大葱炒饭只需加热1次即可上桌，
非常简便。
而芝麻能大幅提升炒饭的香味与营养，
是菜肴的点睛之笔。

材料

小白鱼干 .... 大 6
色拉油 .... 大 1
生抽 .... 小 2
小葱 .... 3 根
米饭 ....400g（略多于 2 碗）
盐 .... 少许
熟芝麻 .... 大 1

制作步骤

① 将鱼干、色拉油与生抽倒入烹饪盒，搅拌均匀。

② 将小葱切成葱末备用。

③ 将热腾腾的米饭加入①，搅拌后加盖加热4分钟。加热结束后，加入②、盐与芝麻，稍事搅拌即可。

将材料倒进烹饪盒，搅拌后直接加热。

韩国泡菜炒饭

 中（不使用蒸盘）　●serve 2人份　●time

	600w	3分钟 + 3分钟
	500w	3分40秒 + 3分40秒

韩国泡菜的辣味与鲜美，
在这款炒饭中显露无遗。
先将泡菜与油放在一起加热一下，
更能引出泡菜的鲜味。

材料

金枪鱼（罐头）	80g
韩国泡菜	150g
生抽	小 2
麻油	大 1
米饭	400g（略多于 2 碗）
韩国海苔	随意

制作步骤

① 将金枪鱼（沥去多余的汤水）、切成小块的泡菜、生抽与麻油倒入烹饪盒，稍事搅拌后盖上盖子，加热 3 分钟。

② 将热腾腾的米饭倒入烹饪盒，继续加热 3 分钟。

③ 加热完成后即可享用。用韩国海苔卷着吃更美味。

先将泡菜、麻油、生抽与金枪鱼倒入
烹饪盒，稍稍搅拌后加热。

极简蛋包饭

● size	● serve	● time	600w	4分钟 + 3分钟 + 2分钟 + 1分钟
中（不使用蒸盘）	2人份		500w	4分50秒 + 3分40秒 + 2分20秒 + 1分10秒

鸡肉炒饭和盖在饭上的"炒蛋"，
都能用烹饪盒轻松搞定。
如果您不喜欢吃炒蛋，
也可以用温泉蛋代替。

材料

碎鸡肉	200g
盐与胡椒	少许
洋葱	1/2 个
番茄酱	大 5
色拉油	大 1
青椒	1 个
米饭	400g（略多于 2 碗）
A 鸡蛋	4 个
牛奶	大 4
糖、盐与胡椒	少许
黄油	小 2

制作步骤

① 将鸡肉、盐与胡椒稍事搅拌，备用。

② 将洋葱切成 1cm 见方的小丁，倒入烹饪盒，加入①，洒上色拉油，加入番茄酱，搅拌均匀后加盖，加热 4 分钟。

③ 将热腾腾的米饭、青椒（切成 1cm 见方的小丁）加入烹饪盒，搅拌均匀后加盖，加热 3 分钟。之后取出烹饪盒，将盒子里的菜肴倒在盘子上。

④ 用厨房纸或纸巾将烹饪盒擦一擦，再把充分搅拌过的 A 倒进去，加盖后再加热 2 分钟。之后取出烹饪盒，将鸡蛋稍稍搅拌一下，继续加热 1 分钟。第 2 次加热结束后，视蛋的硬度，继续加热 30 秒 ~1 分钟。

⑤ 将④放在③上，点缀少许黄油即可。

将鸡肉、洋葱与调味料倒入烹饪盒，搅拌后进行第 1 次加热。

加入米饭与青椒，搅拌后进行第 2 次加热。

将烹饪盒擦一擦，倒入蛋液。

极简牛肉盖饭

 中（不使用蒸盘） 　●serve **2人份** 　●time

600w	4分钟＋2分钟
500w	4分50秒＋2分20秒

卖牛肉盖饭的餐厅随处可见,其实我们在家也能做出色香味俱全的牛肉盖饭。
只要将洋葱与牛肉放进烹饪盒,
再用微波炉加热一下就行。
做法虽然简单,味道却很正宗哦。

材料

洋葱......................................200g

A | 生抽与甜料酒.......................各大2
　　| 日式高汤精（颗粒）.................少许

牛肉片...................................150g

米饭.................................... 2 人份

红姜（醋腌生姜）..........................适量

温泉蛋（可在商店购买）..................2 个

制作步骤

① 将洋葱切成细条，与 A 一起加入烹饪盒，加盖后加热 4 分钟。

② 将牛肉加入烹饪盒，浸在汤汁里，继续加热 2 分钟。没有浸在汤汁里的肉会被烤焦，所以一定要让汤汁没过肉。

③ 将②浇在米饭上，加一些红姜即可享用。也可以配一个温泉蛋，用筷子戳破蛋黄，搅拌均匀后再享用。

先加热洋葱与调味料。

然后加入牛肉，进行第 2 次加热。

韩式汤泡饭

● size
中 (不使用蒸盘)

● serve
2人份

● time
600w 6分钟~7分钟
500w 7分10秒 ~8分20秒

正宗的韩式汤泡饭，
必须把米饭倒进汤里，调节好米饭的辣度再享用。
这道菜一定要趁热吃才美味哦！

材料

	材料	用量
	牛肉糜	100g
A	韩式辣椒酱	大 1
	料酒	大 1
	淀粉	小 1
	大葱	1/2 根
	真姬菇	100g
	豆芽	100g
	鸡精	小 2
	热水	350ml
	生抽	大 1
	盐与胡椒	少许
	米饭	300g (2 碗)

制作步骤

① 将牛肉与 A 倒入烹饪盒，搅拌均匀，再加入淀粉，充分搅拌。

② 在①上依次叠加大葱（切成薄片）、拆散的真姬菇与豆芽。

③ 用热水将鸡精冲开，加入生抽、盐与胡椒，搅拌均匀后倒入烹饪盒。

④ 加盖加热 6~7 分钟。

⑤ 将④浇在米饭上。如果您喜欢吃辣，也可以加一些韩式辣椒酱。

将所有材料装进烹饪盒，同时加热。豆芽要放在最上面。

油炸干面

● size	● serve	● time		
中 (不使用蒸盘)	2人份		600w	6分钟~ 7分钟
			500w	7分10秒~ 8分20秒

这款油炸干面的浇头使用了大量蔬菜，
只需加热1次即可享用。
将浓稠的浇头倒在炸好的面条上，
干脆的部分与软糯的部分
便会在口中奏响和谐的乐章。

材料

碎猪肉	100g
盐与胡椒	少许
色拉油	小 2
胡萝卜	1/2 根
洋葱	1/2 个
卷心菜	150g
鱼糕	50g

A	热水	150ml
	鸡精	小 2
	料酒	大 1
	糖	大 1
	盐	小 1
	生抽	小 2
	胡椒	少许

淀粉	大 1/2
凉水	大 2
油炸干面 (直接在商店购买)	2 人份
醋	适量

制作步骤

① 将猪肉、盐与胡椒倒入烹饪盒，稍事搅拌后加入色拉油，搅拌均匀后备用。

② 胡萝卜切成薄片，洋葱切成细条，卷心菜切成小块，鱼糕切成薄片。然后将上述食材倒入烹饪盒，摊平，压紧。

③ 将 A 搅拌均匀，倒入②。

④ 加盖，加热 6~7 分钟。

⑤ 加入水淀粉勾芡。如果食材变凉了，就多加热 1 分钟左右。

⑥ 将⑤倒在面条上，根据您的口味倒一些醋，即可享用。

将蔬菜全部装进烹饪盒。加热后，蔬菜的体积会变小。

加热后，将水淀粉倒入汤汁，勾芡。

咸味豆芽炒面

● size	● serve	● time	600w	6分钟
大（不使用蒸盘）	2人份		500w	7分10秒

这款炒面突出了大蒜与麻油的风味，
还使用了整整一袋豆芽，保证您吃到过瘾。
做好这道菜的诀窍是，加热前把豆芽的水分吸干。

材料

猪肉糜	150g
盐与胡椒	少许
色拉油	小2
豆芽	250g
大蒜	1瓣

A	盐	小1
	糖	小2
	粗胡椒粉	少许
	料酒	大1
	麻油	小2

面条（炒面专用）	2人份

制作步骤

① 将猪肉、盐与胡椒倒入烹饪盒，稍事搅拌后加入色拉油，搅拌均匀后备用。

② 吸干豆芽表面的水分。

③ 大蒜磨成泥，与A的材料搅拌均匀。

④ 将②铺在①上，再叠加面条。

⑤ 浇上③，加盖加热6分钟，取出后搅拌均匀即可。

按照肉糜、豆芽、面条的顺序叠加食材，倒入咸味酱汁，加热1次即可。

炒乌冬面

● size 　中（不使用蒸盘）　● serve 　😊 1人份　● time 　600w 5分钟　500w 6分钟

只要巧用容易煮熟的食材，
就能一鼓作气完成这道菜。
趁热撒上木鱼花与青海苔，更是赏心悦目、香气逼人。

材料

卷心菜	100g
胡萝卜	50g
竹轮（日式鱼糕）	50g
煮过的乌冬面	1人份
色拉油	小 2
面汤（浓缩型）	大 2~3
木鱼花	少许
青海苔（干粉状）	少许

制作步骤

① 将卷心菜切成细丝，胡萝卜与竹轮切成薄片备用。

② 将乌冬面铺在烹饪盒底部，淋上色拉油，然后将胡萝卜、竹轮与卷心菜依次铺在面条上。

③ 加入面汤。如果是 3 倍浓缩面汤，加 3 大勺。如果是 5 倍浓缩面汤，则加 2 大勺。加盖加热 5 分钟，取出后搅拌均匀。

④ 撒上木鱼花与青海苔即可。

卷心菜放在最上层。

奶油奶酪意面

● size	● serve	● time		
中（不使用蒸盘）	2人份		600w	30秒~1分钟＋30秒~1分钟
			500w	30秒~1分10秒＋30秒~1分10秒

这款意面的酱汁只需2分钟即可完工。
它的味道类似于浓郁的火腿奶油意面。
如果您喜欢奶油味的意面，还请千万不要错过这道美味。

材料

奶油奶酪	120g
牛奶	100ml
蛋黄	2个
牛奶	大1
火腿	4片
奶酪粉	少许
粗胡椒粉	少许
意面（1.4~1.5mm 粗）	160~200g
	（2人份）

制作步骤

① 将奶油奶酪切成同样厚度的薄片，放进烹饪盒。加入 50ml 牛奶，加盖加热 30 秒到 1 分钟，取出后搅拌均匀，再加入剩下的 50ml 牛奶，使奶酪完全化开，然后继续加热 30 秒到 1 分钟。奶酪很容易焦，加热时请多加小心。

② 用盐水（水中加入 2 大勺盐 / 未包括在食材清单中）将意面煮好备用。将 1 大勺牛奶与新鲜的蛋黄搅拌均匀，加入尚未冷却的①，搅拌均匀，然后倒入煮好的意面。

③ 撒上火腿碎末、奶酪粉与粗胡椒粉即可。

加入少许牛奶，
加盖加热 30 秒
到 1 分钟。

蚵仔意面

● size 中（不使用蒸盘）　● serve 2人份　● time

| 600w | 3分钟 + 1~2分钟 |
| 500w | 3分40秒 +1分10秒 ~2分20秒 |

蚵仔的鲜味与橄榄油的香味叠加,
通力打造出这款香浓的蚵仔意面。
先用锅把意面煮好,再把酱汁浇上去,稍稍搅拌一下即可。

材料

蚵仔（带壳）	300g
大蒜	1瓣
红辣椒	1根
橄榄油	大2
料酒	大2
生抽	小2
热水	大2
意面（1.4~1.5mm 粗）	
	160~200g（2人份）
盐与胡椒	少许
欧芹	适量

在如图所示的
状态下加盖加
热3分钟。

制作步骤

① 将蚵仔浸在盐水中,避光放置 1~2 小时,
让它吐出贝壳中的沙粒。然后仔细冲洗蚵仔
的外壳,并将表面的水分擦干。

② 将①倒进烹饪盒,加入大蒜（切成薄片）、
红辣椒（去籽后切成圆片）、橄榄油、生抽、
料酒与热水,加盖后加热 3 分钟。之后取
下盒盖,继续加热 1~2 分钟,使酒精充分
蒸发,去除蚵仔的腥味。

③ 用盐水（水中加入 2 大勺盐 / 未包括在食
材清单中）将意面煮好备用,烹煮的时间
可比平时略短一些。之后加入②搅拌均匀。
视情况加入盐与胡椒调味,再点缀一些撕
碎的欧芹叶即可。

奶香利梭多饭

● size	● serve	● time		
中（不使用蒸盘）	1人份		600w	3分钟
			500w	3分40秒

奶香玉米粒的甘甜，
使这道菜的味道更圆润。
美味又健康的食材，
定能消除您浑身的疲劳。

材料

米饭	100g
牛奶	150ml
奶香玉米粒（罐头）	100g
黄油	大 1
小葱	1 根
盐	少许
粗胡椒粉	少许

制作步骤

① 将米饭倒进烹饪盒，加入牛奶，搅拌均匀后加入奶香玉米粒。我们使用的是冷饭，所以接下来是加热。也可使用刚出锅的热米饭。

② 不盖盒盖，将①直接送入微波炉加热 3 分钟。不盖盖子能有效防止汤水溢出。

③ 将盐与黄油加入②，撒上葱末与粗胡椒即可。

加热前的状态。如果在加盖的状态下加热，汤水很容易溢出，所以最好取下盒盖。

极简杂烩粥

● size
中（不使用蒸盘）

● serve
1人份

● time
| 600w | 3分30秒 + 1分钟 |
| 500w | 4分10秒 + 1分10秒 |

为了缩短制作时间，
我们选用了容易煮熟的蟹肉棒与真姬菇。
最后再浇一些蛋液，打造松软的口感。
高汤遇热后很容易溢出，所以加热的时候要取下盒盖。

材料

米饭	100g
日式高汤	250ml
蟹肉棒	20g
真姬菇	50g
A 料酒	大1
盐	少许
生抽	小1
鸡蛋	1个
嫩萝卜芽	随意

制作步骤

① 将米饭倒入烹饪盒，加入日式高汤，搅拌均匀。

② 将掰开的蟹肉棒、真姬菇与 A 加入①，在不盖盒盖的情况下加热 3 分 30 秒。

③ 加入蛋液，继续加热 1 分钟。

④ 以嫩萝卜芽点缀即可。

加入所有材料，
在不盖盒盖的
情况下加热。

倒入蛋液，继续
加热 1 分钟。

微波炉烤年糕 （黄豆粉年糕、红豆年糕、萝卜年糕）

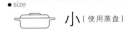 小（使用蒸盘）

● time

600w	30秒 + 30秒
500w	40秒 + 40秒

用MUJI烹饪盒加热年糕,
能让年糕变得更松软,就好像是刚捣出来的一样。
不过这款年糕一旦变凉,口感就会变硬,所以还是趁热吃为好。

材料

年糕	每种味道 2 块
黄豆粉	大 2
糖	小 2
盐	1 小撮
红豆沙（直接在商店购买）	大 2
萝卜泥	大 4
生抽	少许

年糕之间的空隙要足够大,以免粘连。

制作步骤

① 将 2 块年糕放进凉水里泡一下,然后放在
烹饪盒的蒸盘上。年糕与年糕之间要留出
一定的空隙。加盖加热 30 秒。

② 将年糕翻身,继续加热。您可以每隔 10
秒把烹饪盒拿出来看一下,以免将年糕
烤焦。

③ 黄豆粉年糕:将黄豆粉、糖与盐搅拌均匀,
趁热撒在年糕上。

④ 红豆年糕:趁热将红豆与年糕搅拌均匀。

⑤ 萝卜年糕:用滤网沥去萝卜泥的多余水分,
加入少许生抽,稍稍搅拌后倒在年糕上。

米饭的冷冻与解冻

● size	● serves	● time		
3 种皆可（使用蒸盘）	1 碗		600w	2分30秒
			500w	3分钟

我们可以一次性多煮一些米饭,放进冰箱冷冻,
要用的时候再拿出来解冻,搭配各种菜肴都很方便。
下面是我们最为推荐的冷冻方法与解冻方法。

冷冻方法

◎ 趁热用保鲜膜包起来

要留住米饭的美味, 就必须趁热用保鲜膜把
米饭包起来, 如此一来, 米饭中的水分就不
会蒸发掉, 解冻后的米饭也水分充足。可以
在冷冻时将米饭分成小份, 每份正好是 1 碗
的量, 解冻时更能把握好用量。

◎ 将包好的米饭放在金属烤盘上,迅速冷冻

将米饭揉成扁平状, 放在金属烤盘上, 能有
效加快冷冻的速度。普通冰箱没有速冻功能,
所以冷冻米饭最好在 2 周内吃完。

◎ 将冷冻好的米饭装进袋子保存

将米饭冷冻后, 可转移到带封口的塑料袋里
保存。这样也能防止米饭的水分被冰箱吸干。

将 1 碗份量的米饭用保鲜膜包起来,
放在金属烤盘上冷冻。

冻好后,转移到带封口的塑料袋里保存,
防止米饭的水分被冰箱吸干。

解冻方法

◎直接送入微波炉加热。将米饭连保鲜膜
一起放进烹饪盒, 撕开朝上那一面的保鲜
膜。如果米饭原本就比较软, 含水量较高,
不撕开保鲜膜就会导致米饭变成糊状。将
米饭放在蒸盘上, 可以让米饭均匀受热。加
热时请盖上烹饪盒的盒盖。最好在加热途
中把烹饪盒拿出来看一看,把米饭稍微搅
拌一下,再放回微波炉。

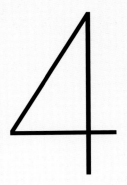

chapter

简单甜点

MUJI的烹饪盒可以用作蛋糕模具,也能拿来做冰激凌,
简直是厨房里的万能神器。
本章介绍的甜点都很简单,
您可以视当天的心情,选择中意的一款尝试一番。

奶香寒天

● size	
	中(不使用蒸盘)

● serves	
	6~8人份

● time		
	600w	5分钟
	500w	6分钟

牛奶的温润香甜
是这款冰凉甜点的关键所在。
浇上少许糖浆,
搭配时令水果享用,
口感更佳。

材料

寒天粉（琼脂粉）............................4g

热水（用于冲泡寒天粉）..............300ml

糖..50g

牛奶...400ml

草莓...200g

猕猴桃..2~3 个

热水（用于制作糖浆）.................300ml

糖..50g

撒上寒天粉，
搅拌均匀。

一边倒入牛奶，
一边搅拌，然后
直接送入冰箱。

制作步骤

① 将寒天粉撒入倒有热水的烹饪盒，搅拌均匀后晾 15 分钟。将牛奶从冰箱里拿出来，使之恢复室温。

② 再将寒天粉溶液搅拌一下，送入微波炉加热 5 分钟（不加盖）。可能会有冒泡现象，这是正常情况，不用担心。

③ 取出烹饪盒，稍事搅拌，然后加入糖，继续搅拌。

④ 待糖溶化之后，倒入牛奶，迅速搅拌。

⑤ 盖上盒盖，将烹饪盒直接放进冰箱冷却。虽然在室温环境下也能凝固，但放进冰箱冷藏一下会更美味。

⑥ 糖浆的制作方法：用热水将糖溶化，再将糖水放进冰箱冷藏。水果切成小块，放进冰箱。水果可根据您的口味随意搭配。

⑦ 寒天粉溶液凝固后，用扁平的勺子或其他工具挖出，浇上⑥即可享用。

暖心苹果酱

● size		● serve	● time		
 中（不使用蒸盘）		5~6人份		600w	5分钟~7分钟＋余热5分钟
				500w	6分钟~8分20秒＋余热5分钟

这是一款粉粉嫩嫩、
热气腾腾的苹果酱。
可以浇在香草冰激凌上，
待冰激凌稍稍融化后一并品尝。

材料

红苹果	300g
柠檬汁	大1
蜂蜜	大3
黄油	小2
香草冰激凌	适量
肉桂粉	少许

制作步骤

① 将苹果切成小块后倒入烹饪盒。果皮可有可无。

② 将柠檬汁洒在①上，再洒一些蜂蜜。黄油分成小块，分散放置在烹饪盒各处。

③ 加盖加热5~7分钟，然后再用余热焖5分钟。

④ 将③浇在香草冰激凌上，再撒一些肉桂粉即可。

制作要点

◎苹果的品种并不重要，但不同种类的苹果所需要的加热时间各不相同，请视实际情况加以调整。
◎如果不加黄油，加热后放进冰箱冷藏，就成了糖渍苹果。

在上图的状态下加盖加热5~7分钟。

冻酸奶

● size
中（不使用蒸盘）

● serve
5~6人份

平淡无奇的酸奶，
摇身一变，成了时髦的甜点。
蓝莓果酱在酸奶中形成的紫色大理石状花纹，
更是赏心悦目。

材料

原味酸奶 400ml
糖 .... 1/2 杯
牛奶 100ml
蓝莓果酱 .... 满满的 3 大勺

制作步骤

① 将果酱之外的材料全部倒入烹饪盒，搅拌均匀后盖上盖子，放进冰箱的冷冻室。酸奶开始凝固时，要把烹饪盒拿出来，稍稍搅拌一下。

② 将"开始凝固→取出搅拌"的工序重复 2~3 次，酸奶的口感会更顺滑。

③ 将果酱铺在铝箔纸上，放进冷冻室，稍稍冻一下。

④ 将③加入②，稍事搅拌，再放回冷冻室。

酸奶开始凝固时，要稍稍搅拌一下。

加入事先冻好的蓝莓果酱，稍事搅拌。

制作要点

◎可以用其他果酱代替蓝莓果酱，请大家大胆尝试。

糖渍水果

● size		● time			
小（不使用蒸盘）			杏子	600w	3分钟
				500w	3分40秒
● serves			西梅	600w	4分钟＋1分30秒～2分钟
3～4人份				500w	4分50秒＋1分50秒～2分20秒

将果干稍稍加热一下，便成了这款小巧精致的甜点。
可以与红茶相伴，也可以撒在冰激凌上享用。

材料

杏干…100g

A
糖…大5
水…150ml
柠檬汁…大1

西梅干（无核）…150g

B
红酒…100ml
糖…大3
柠檬汁…大1

制作要点

❀冰一冰，更美味。
❀这款甜品的保质期很长，可搭大餐，也可作为
零食装进便当。

制作步骤

① 将杏干洗净，与A一起倒进烹饪盒，加盖
加热3分钟左右，然后直接放进冰箱冷却。

② 将西梅与B一起倒进烹饪盒，加盖加热4
分钟左右。然后取下盒盖，继续加热1分
30秒～2分钟，以便蒸干红酒中的酒精。
完成加热步骤后，加盖放进冰箱冷却。

加热前的杏干。加
热后直接连汤水一
起放进冰箱，能让
杏肉更有弹性。

加热前的西梅。如
果家中没有红酒，
也可用清水代替。

巧克力火锅

● size	● serve	● time	
小（不使用蒸盘）	5~6人份	600w	1分30秒
		500w	1分50秒

香浓巧克力酱，

与棉花糖和饼干堪称绝配。

要是巧克力变凉了，

就把烹饪盒放回微波炉再"转"一下。

只有这款甜品，能将巧克力酱带来的幸福味道一网打尽。

材料

巧克力	300g
鲜奶油	150g
牛奶	50ml
草莓	适量
香蕉	适量
猕猴桃	适量
饼干	适量
棉花糖	适量

制作步骤

① 将巧克力切成碎末。

② 将鲜奶油倒进烹饪盒，加盖加热1分30秒，然后趁热将①全部倒进去，晾1分钟。

③ 用搅拌棒缓缓搅拌②，使巧克力完全融化。如果巧克力融不开，可以将烹饪盒放回微波炉，多加热30秒。之后再倒入牛奶，稀释巧克力酱。

④ 水果切成小块备用。将吸管剪成尖头，把水果和棉花糖"串"起来，放进③里蘸一蘸即可。饼干可以直接用手拿着蘸。

制作要点

◎ 要是巧克力酱变凉了、变稠了，就把烹饪盒放回微波炉，重新加热一下。每隔10秒取出一次，以免加热过度。

◎ 使用甜度适中的巧克力，效果更佳。

将切碎的巧克力倒进热腾腾的鲜奶油里。

用搅拌棒缓缓搅拌。

橘子蛋糕

● size
 中（不使用蒸盘）

● serve
 4人份

● time

600w	2分钟～3分钟 + 余热1分钟～2分钟
500w	2分20秒～3分40秒 + 余热1分钟～2分钟

这款蛋糕色泽鲜艳，
使用的材料却是薄煎饼（pancake）粉和橘子汁，非常简单。
我们不仅使用了橘子汁，还在蛋糕中加入了橘皮，
完美保留了橘子的宜人香味。

材料（2块蛋糕的用量）

薄煎饼预拌粉	150g
鸡蛋	1个
蜂蜜	大4
色拉油	大3
橘子	2个
橘子汁	80ml
鲜奶油	100ml
糖	大1
香草（如果您喜欢）	少许

制作步骤

① 削一些橘皮备用（果皮的白色部分有点苦，所以尽量不要削得太深）。剥去剩下的果皮，取出带薄皮的果肉。留8瓣果肉，用于最后的点缀。剩下的果肉用手捏出汁水。

② 将鸡蛋打成蛋液，加入蜂蜜与色拉油，搅拌均匀后加入橘皮与橘子汁（在商店直接购买），继续搅拌。最后加入薄煎饼预拌粉，搅拌均匀。

③ 将②的一半倒入烹饪盒，加盖加热2~3分钟，然后取下盒盖，晾1~2分钟。面糊遇热后会收缩，所以凝固后的面糊与烹饪盒之间会有一条缝。可以将勺子插进这条缝里，把蛋糕轻轻撬出来。然后再用同样的方法加热剩下的面糊。刚出炉的蛋糕很软，最好放在铺了烤盘纸的烤盘上晾一下。

④ 将蛋糕切成适当的大小，浇上①的果汁，让蛋糕变得更湿润。鲜奶油加糖，打成奶泡，与橘子的果肉一起点缀在蛋糕旁边。若能加一些您喜爱的香草，就更是色香味俱全了。

加热前的状态如图所示。为了保证受热均匀，面糊要分2次加热。

红糖蛋糕

● size	● serve	● time		
中（不使用蒸盘）	4人份	600w	2分钟~3分钟+余热1分钟~2分钟	
		500w	2分20秒~3分40秒+余热1分钟~2分钟	

我们在红糖口味的蛋糕中加入了芳香扑鼻的核桃。
红糖的醇厚甘甜可谓回味无穷。
这款蛋糕用酸奶代替了牛奶，
口感更为温润。

材料（2块蛋糕的用量）

薄煎饼预拌粉	150g
鸡蛋	1个
红糖（粉）	大5
色拉油	大4
酸奶	120ml
核桃	2/3 杯

制作步骤

① 制作这款蛋糕时，最好选择平时用作下酒菜的熟核桃。将核桃切成碎末备用。

② 将鸡蛋打成蛋液，加入红糖，搅拌均匀后依次加入色拉油与酸奶，充分搅拌。

③ 将②倒入薄煎饼预拌粉，搅拌均匀后倒入烹饪盒，再将①撒在面糊表面。加热方法与橘子蛋糕的③一样。

制作要点

◎核桃可以用其他坚果代替，亦可使用混合坚果。
◎无论是这款红糖蛋糕，还是本书介绍的其他蛋糕，要是凉了，都可以放回微波炉加热 20~30 秒（每块）。加热过度会导致蛋糕变硬，请务必控制好加热时间。
◎蛋糕可分成小块冷冻储藏。可自然解冻，亦可用微波炉解冻。

加热前的状态如图所示。将核桃撒在面糊表面。

枫糖蛋糕

 中（不使用蒸盘）   4人份

| | 600w | 2分钟～3分钟+余热1分钟～2分钟 |
| 500w | 2分20秒～3分40秒+余热1分钟～2分钟 |

我们用枫糖代替了普通的白糖，
打造出了这款温润香甜的蛋糕。
它的加热方法与前两种蛋糕完全一样。

材料（2块蛋糕的用量）

蔓越莓干	大4
鸡蛋	1个
枫糖浆	100ml
色拉油	大3
酸奶	100ml
薄煎饼预拌粉	150g
奶油奶酪	随意
枫糖浆	随意

制作步骤

① 蔓越莓干用水洗净，拭去表面的多余水分，切成小块备用。

② 将鸡蛋打成蛋液，加入枫糖浆，搅拌均匀后倒入色拉油，最后加入酸奶，充分搅拌。

③ 将②倒入薄煎饼预拌粉，搅拌均匀后倒入烹饪盒，再将①撒在面糊表面。加热方法与橘子蛋糕的③一样。

④ 按您的喜好，在蛋糕表面涂抹一些已经搅软的奶油奶酪，再浇一些枫糖浆即可享用。

加热前的状态
如图所示。将
蔓越莓干均匀
撒在面糊表面。

无印良品 硅胶烹饪盒一览

小号（容量：约640ml）1500日元（含税）

附蒸盘　　　　　　　　　附蒸盘

中号（容量：约1000ml）2500日元（含税）

附蒸盘　　　　　　　　　附蒸盘

大号（容量：约220ml）3500日元（含税）

附蒸盘　　　　　　　　　附蒸盘

Ogawa Seiko

小 川 圣 子

从小酷爱烹饪。
毕业于女子营养大学，潜心研究各类西点
与菜肴。擅长以家常菜及日本各地的特产
为基础，构思菜肴与商品。她深谙各类食
材的特征，开发出了许多易于实践的菜肴，
备受食客欢迎。

staff

摄影：新居明子
艺术指导＆设计：
野本奈保子（nomo-gram）
编辑：清水洋美
造型：大星道代

采访协助
株式会社 良品计划
http://www.ryohin-keikaku.jp
http://www.muji.net